BEI GRIN MACHT SICH IHR
WISSEN BEZAHLT

- Wir veröffentlichen Ihre Hausarbeit,
  Bachelor- und Masterarbeit

- Ihr eigenes eBook und Buch -
  weltweit in allen wichtigen Shops

- Verdienen Sie an jedem Verkauf

Jetzt bei www.GRIN.com hochladen
und kostenlos publizieren

Sebastian Mosmann

Berechnung einer Zahnradstufe

GRIN Verlag

Bibliografische Information der Deutschen Nationalbibliothek:

Die Deutsche Bibliothek verzeichnet diese Publikation in der Deutschen National-
bibliografie; detaillierte bibliografische Daten sind im Internet über http://dnb.d-
nb.de/ abrufbar.

Impressum:

Copyright © 2010 GRIN Verlag GmbH
Druck und Bindung: Books on Demand GmbH, Norderstedt Germany
ISBN: 978-3-656-07986-6

Dieses Buch bei GRIN:

http://www.grin.com/de/e-book/182675/berechnung-einer-zahnradstufe

GRIN - Your knowledge has value

Der GRIN Verlag publiziert seit 1998 wissenschaftliche Arbeiten von Studenten, Hochschullehrern und anderen Akademikern als eBook und gedrucktes Buch. Die Verlagswebsite www.grin.com ist die ideale Plattform zur Veröffentlichung von Hausarbeiten, Abschlussarbeiten, wissenschaftlichen Aufsätzen, Dissertationen und Fachbüchern.

Besuchen Sie uns im Internet:

http://www.grin.com/

http://www.facebook.com/grincom

http://www.twitter.com/grin_com

Hamburger Fern-Hochschule

University of Applied Sciences

UNIVERSITY
OF APPLIED SCIENCES

Entwurf einer Zahnradstufe

Version - Nr.: 2

Hausarbeit

Konstruktion

Sebastian Mosmann

Sonderstudiengang Technik

Studienzentrum Hannover

17.Juli 2010

Inhaltsverzeichnis

1 Aufgabenstellung

Entwurf einer Zahnradstufe, bei der zwei geradverzahnte Stirnräder eine Nennleistung P von einer Eingangsdrehzahl n_E auf eine Ausgangsdrehzal n_A übertragen.

Nennleistung P	15kW
Eingangsdrehzahl n_E	1000 U/min
Ausgangsdrehzahl n_A	315 U/min
Betriebsfaktor c_B	1,10
Axialkraft F_{ax}	900 N

- Betriebsfaktor = Anwendungsfaktor
- Zahnradwerkstoff: Einsatzstahl, einsatzgehärtet (58 HRC)
- Wellenwerkstoff: E295 (St50-2)
- Die Lagerung der Wellen erfolgt in Kugellagern, die eine rechnerische Lebensbauer von mindestens 10 000 Std. haben
- Die Zahnräder sitzen bei etwas einem Drittel des Lagerabstandes auf der Seite der Momenteneinleitung
- Die Zahnräder sind mit rundstirnigen Passfedern auf den Wellen befestigt.
- Die An- und Abtriebswelle besitzen jeweils einen Wellenabsatz mit Passfeder, auf der eine Kupplung gegen eine Wellenschulter angelegt werden kann.
- Die An- und Abtriebswelle ist mit Radialwellendichtringen abzudichten
- Es wird ein genormter Achsabstand angewendet
- Auf die Wellen wirkt eine zusätzliche Axialkraft F_{ax}
- Die vorgegebene Übersetzung ist mit ± 3% einzuhalten.

2 Entwurfsberechnung

2.1 Ermittlung der Nenndrehmomente

Für das Drehmoment(Torsionsmoment) gilt:

$$M_t = \frac{P}{\omega} \text{ mit } \omega = 2 \cdot \pi \cdot n \text{ ergibt sich } M_t = 9500 \cdot \frac{P}{n}$$

$$M_{tnenn1} = 9550 \cdot \frac{15kW}{1000U/\min} = 143,25Nm$$

$$M_{tnenn2} = 9550 \cdot \frac{15kW}{315U/\min} = 454,76Nm$$

2.2 Überschlägige Ermittlung der Wellendurchmesser

Für den Wellendurchmesser unter Berücksichtigung des Betriebsfaktors gilt:

$$d_{sh} = \sqrt[3]{\frac{16 \cdot c_B \cdot M_{tnenn1,2}}{\pi \cdot \tau_{tzul}}} \text{ mit } \tau_{tzul} = 20\frac{N}{mm^2}$$

$$d_1 = \sqrt[3]{\frac{16 \cdot 1,1 \cdot 143,25 \cdot 10^3 Nmm}{\pi \cdot 20N/mm}} = 34,23mm$$

$$d_2 = \sqrt[3]{\frac{16 \cdot 1,1 \cdot 454,76 \cdot 10^3 Nmm}{\pi \cdot 20N/mm}} = 48,74mm$$

2.3 Überschlägige Ermittlung des Moduls der Zahnräder

Für die Bestimmung des Moduls bei gehärteten Zahnflanken gilt:

$$m = 1,85 \cdot \sqrt[3]{\frac{K_A \cdot M_{t1} \cdot \cos^2\beta}{z_1'^2 \cdot (b/d_1) \cdot \sigma_{FLim}}}$$

mit $\beta = 0°$; $z_1' = 18$; $b/d_1 = 0,6$; $\sigma_{FLim} = 160N/mm^2$

$$m = 1,85 \cdot \sqrt[3]{\frac{1,1 \cdot 143250Nmm \cdot \cos^2 1}{18^2 \cdot 0,6 \cdot 160N/mm^2}} = 3,18mm$$

Nach DIN 780 wird ein Modul von 4mm gewählt.

2.4 Bestimmung des mindestens erforderlichen Fußkreisdurchmessers und der Zähnezahl (Zahnrad 1)

Der mindest Fußkreisdurchmesser wird durch folgende Formel bestimmt:

$$d_{f1} \geq d_1 + 2(t_2 + 2,5 \cdot m)$$

Mit Wellendurchmesser beim Zahnrad d_1=45mm und Nabennuttiefe t_2=3,8mm

$$d_{f1} \geq 45mm + 2(3,8 + 2,5 \cdot 4mm) = 72,6mm$$

Für die Zähnezahl z_1 gilt:

$$z1 \geq \frac{d_{f1} + 2 \cdot 1,25 \cdot m}{m}$$

$$z1 \geq \frac{72,6 + 2 \cdot 1,25 \cdot 4}{4} = 20,65 => 21 \text{ Zähne}$$

2.5 Ermittlung der Zähnezahl (Zahnrad 2)

Für die Ermittlung gilt:

$$z_2 = i_{soll} \cdot z_1 \text{ mit } i_{soll}=3,17$$

$$z2 = 3,17 \cdot 21 = 66,57 => \text{ aufgrund späterer Berechnungen wird eine}$$

Zähnezahl von z_2=69 verwendet.

2.6 Berechnung des Achsabstands

Der Achsabstand wird durch folgende Formel ermittelt:

$$a_d = m \cdot \frac{z_1 + z_2}{2}$$

$$a_d = 4mm \cdot \frac{21 + 69}{2} = 180mm$$

Damit ergibt sich ein genormter Achsabstand: 180-200mm

Gewählt wird der Achsabstand von a=180mm

3

Überprüfung des Übersetzungsverhältnisses

$$\Delta i = \frac{i_{tats} - i_{soll}}{i_{soll}} \quad \text{mit} \quad i_{tats} = \frac{69}{21} = 3,29$$

$$\Delta i = \frac{3,29 - 3,17}{3,17} \approx 0,04$$

Die vorgeschriebene Übersetzungstoleranz von $\pm 3\%$ wird somit eingehalten.

Abschätzung der Profilverschiebung und Beurteilung der Zulässigkeit

$$(x_1 + x_2) \approx \frac{a - a_d}{m} = \frac{180 - 180}{4} = 0$$

Damit liegt die Summe der Profilverschiebungsfaktoren im zulässigen bereich von $-0,5 \le (x_1 + x_2) \le +1,5$

2.7 Abschätzung der Radialkraft am Zahnrad und Aufteilung auf die Wälzlager

Für die Radialkraft gilt:

$$F_{r1,2} = F_{t1,2} \cdot \tan \alpha$$

mit

$$F_t = \frac{2 \cdot c_B \cdot M_{tnenn}}{d_{tk}}$$

und

$$d_{tk} = m \cdot z_n$$

Daraus folgt:

$$d_{tk1} = 4mm \cdot 21 = 84mm$$

$$d_{tk2} = 4mm \cdot 69 = 276mm$$

$$F_{t1} = \frac{2 \cdot 1,10 \cdot 143250Nmm}{84mm} = 3751,79N$$

$$F_{t2} = \frac{2 \cdot 1,10 \cdot 454760Nmm}{276mm} = 3624,9N$$

$$F_{r1} = 3751,79 \cdot \tan 20° = 1365,54N$$

$$F_{r2} = 3624,9 \cdot \tan 20° = 1319,36N$$

Welle 1:	linkes Wälzlager:	910,36N
	rechtes Wälzlager:	455,18N
Welle 2:	linkes Wälzlager:	879,57N
	rechtes Wälzlager:	439,79N

2.8 Auswahl der Wälzlager und Berechnung der Lebensdauer

Folgende Wälzlager wurden für die jeweiligen Wellen aus Roloff/Matek (TB 14-1a) gewählt und deren Lebensdauer berechnet:

- **6208 Rillenkugellager 40x80x18**
- **6012 Rillenkugellager 60x95x18**

Hierbei ist zu beachten, dass die Wälzlager, die die höhere Belastung aufnehmen, als Festlager auszulegen sind. Daraus folgt, dass die Berechnungen der Lebensdauer nur für die Festlager durchgeführt werden.

Die Berechnung der Lebensdauer in Betriebsstunden erfolgt durch nachfolgende Formel:

$$L_{10h} = \frac{10^6}{60 \cdot n} \cdot \left(\frac{C}{P}\right)^p$$

mit

$$P = X \cdot F_r + Y \cdot F_{ax} \quad P_1 = 2012,80N \quad P_2 = 2184,56N$$

$$n_1 = 1000 \quad n_2 = 315 \quad p = 3 \quad C_1 = 29000N \quad C_2 = 29000N$$

$$L_{10h1} = \frac{10^6}{60 \cdot 1000} \left(\frac{29000N}{2012,80N}\right)^3 = 16,67 \cdot 560947,73 = 49.857,18h$$

$$L_{10h2} = \frac{10^6}{60 \cdot 315} \cdot \left(\frac{29000N}{2184,56N}\right)^3 = 52,91 \cdot 2339,39 = 123.777,12h$$

Die Berechnung zeigt, dass alle vier Lager die Mindestlaufzeit von 10.000h gewährleisten.

2.9 Berechnung und Auswahl der Passfedern

Die Berechnung der Passfedern erfolgt durch folgende Formel:

$$l = \frac{2 \cdot C_B \cdot M_{tnenn} \cdot S}{P_{zul} \cdot (h - t_1) \cdot d_z}$$

S: Sicherheit: 1,5

p_{zul}: zulässige Flächenpressung: 90N/mm²

h: Passfederhöhen: $h_1 = 9mm$; $h_2 = 11mm$

t_1: Nuttiefe: $t_{1.1} = 5,5mm$; $t_{1.2} = 4,4mm$

d_z: Durchmesser: $d_{z1} = 45mm$; $d_{z2} = 65mm$

$$l_1 = \frac{2 \cdot 1,1 \cdot 143250 \cdot 1,5}{90 \cdot (9 - 5,5) \cdot 45} = \frac{472725}{14175} \approx 33,35mm$$

$$l_2 = \frac{2 \cdot 1,1 \cdot 454760 \cdot 1,5}{90 \cdot (11 - 4,4) \cdot 65} = \frac{1500708}{38610} \approx 38,87mm$$

Gewählte Passfedern anhand Arbeitsblatt 2.6.1

Passfeder nach DIN 6885 A14X9X36 für Welle 1

Passfeder nach DIN 6885 A18X11X50 für Welle 2

2.10 Berechnung der Zahnkopf-, Zahnfuß- und Wälzkreisdurchmesser, Zahnbreite, Zahnradnabenbreite und Aufteilung der Profilverschiebung

Zahnkopfdurchmesser

$$d_{a1} = d_{tk1} + 2 \cdot m = 84 + 2 \cdot 4 = 92mm$$

$$d_{a2} = d_{tk2} + 2 \cdot m = 276 + 2 \cdot 4 = 284mm$$

Zahnfußdurchmesser

$$d_{f1} = d_{tk1} - 2 \cdot m = 84 - 2,5 \cdot 4 = 74mm$$

$$d_{f2} = d_{tk2} - 2 \cdot m = 276 - 2,5 \cdot 4 = 266mm$$

Wälzkreisdurchmesser

$$d_{w1} = d_{tk1} = 84mm$$

$$d_{w2} = d_{tk2} = 276mm$$

Mindestzahnradbreite

$b_1 \approx 0,5 \cdot d_1 \approx 22,5mm$

$b_2 \approx 0,5 \cdot d_2 \approx 32,5mm$

Zahnradnabenbreite

Passfedernlänge$_1$+2mm=38mm

Passfedernlänge$_2$+2mm=52mm

2.11 Gleichmäßige Aufteilung der Profilverschiebung auf Zahnkopf- und Zahnfußdurchmesser

$V = x \cdot m = 0,768 \cdot 4mm = 3,072mm$

$c = 0,25 \cdot 4mm = 1mm$

Zahnkopfdurchmesser

$d_{aV1} = d_a + 2 \cdot (m + V) = 92 + 2 \cdot (4mm + 3,072mm) = 106,14mm$

$d_{aV2} = d_a + 2 \cdot (m + V) = 284 + 2 \cdot (4mm + 3,072mm) = 298,144mm$

Zahnfußdurchmesser

$d_{fV1} = d_f - 2 \cdot [(m + c) - V] = 74mm - 2 \cdot [(4mm + 1mm) - 3,072mm] = 70,14mm$

$d_{fV2} = d_f - 2 \cdot [(m + c) - V] = 266mm - 2 \cdot [(4mm + 1mm) - 3,072mm] = 262,14mm$

3 Nachberechnung

3.1 Durchbiegung und Lagerneigung für einen gemittelten Wellendurchmesser der An- und Abtriebswelle

Die Durchbiegung wir durch folgende Formel ermittelt:

$$f = f_A + \frac{a}{l} \cdot (f_B - f_A)$$

mit

$$f_A = \frac{6,79 \cdot F_A}{E} \cdot \left(\frac{a^3}{d_{mitt}^4}\right); f_B = \frac{6,79 \cdot F_B}{E} \cdot \left(\frac{b^3}{d_{mitt}^4}\right)$$

mit:

$$d_{mitt} = \frac{d_{1\min} + d_{1\max}}{2}$$

$$d_{mitt1} = \frac{35mm + 50mm}{2} = 42,5mm$$

$$d_{mitt2} = \frac{52mm + 70mm}{2} = 61mm$$

$F_{A,B} = Radialkräfte am Wälzlager$

$Elastizitäts\,modul : E = 210000 \dfrac{N}{mm^2}$

Abstand Zahnradmitte und Lagermitte: $a_1 = 19mm$ $b_1 = 78,8mm$

$a_2 = 45mm$ $b_2 = 60mm$

Gesamtlänge der Welle: $l = 185.5mm$

zulässige Durchbiegung: $f_{zul} = m / 100 = 0,04mm$

$$f_{A1} = \frac{6,79 \cdot 910,36N}{210000N / mm^2} \cdot \left(\frac{19^3}{42,5^4}\right) = 6,19 \cdot 10^{-5} mm$$

$$f_{B1} = \frac{6,79 \cdot 455,18N}{210000N / mm^2} \cdot \left(\frac{78,8^3}{42,5^4}\right) = 2,21 \cdot 10^{-3} mm$$

$$f_1 = 6,19 \cdot 10^{-5} + \frac{19}{185,5} \cdot \left(2,21 \cdot 10^{-3} - 6,19 \cdot 10^{-5}\right) = 2,82 \cdot 10^{-4} = 0,00028mm \le 0,04mm$$

$$f_{A2} = \frac{6,79 \cdot 879,57N}{210000N / mm^2} \cdot \left(\frac{45^3}{61^4}\right) = 1,87 \cdot 10^{-4} mm$$

$$f_{B2} = \frac{6,79 \cdot 455,18N}{210000N / mm^2} \cdot \left(\frac{60^3}{61^4}\right) = 2,3 \cdot 10^{-4} mm$$

$$f_1 = 1,87 \cdot 10^{-4} + \frac{19}{185,5} \cdot \left(1,87 \cdot 10^{-4} - 2,3 \cdot 10^{-4}\right) = 1,83 \cdot 10^{-4} = 0,000183mm \le 0,04mm$$

Die Biegung der beiden Wellen ist so gering, dass auf eine Berechnung der Lagerneigung aufgrund der zu erwartenden geringen Neigung und der zulässigen Neigung von $\tan \alpha = 10 \cdot 10^4$ verzichtet werden kann.

3.2 Dauerfestigkeit der Antriebswelle

Die Dauerfestigkeit wird durch folgende Formel ermittelt:

$$S_D = \frac{1}{\sqrt{\left(\dfrac{\sigma_{ba}}{\sigma_{bADK}}\right)^2 + \left(\dfrac{\tau_{ta}}{\tau_{aADK}}\right)^2}} \ge S_{Derf}$$

mit

8

$$S_{Derf} = 1,2$$

$$\sigma_{ba} = \frac{32 \cdot c_B \cdot M_{ba}}{\pi \cdot d^3} = \frac{32 \cdot 1,1 \cdot 39580,65 Nmm}{\pi \cdot 45^3 mm} = 4,87 N / mm^2$$

$$M_{ba} = M_{B\max} = F_a \cdot a = 39580,65 Nmm$$

$$\tau_{ta} = \frac{16 \cdot c_B \cdot \dfrac{M_{tnenn1}}{2}}{\pi \cdot d^3} = \frac{16 \cdot 1,1 \cdot \dfrac{143250 Nmm}{2}}{\pi \cdot (42,5mm)^3} = 5,23 N / mm^2$$

$$\sigma_{bADK} = \frac{0,5 \cdot R_m}{1,66} = \frac{0,5 \cdot 490 N / mm^2}{1,66} = 147,59 N / mm^2$$

$$\tau_{tADK} = \frac{0,3 \cdot R_m}{1,66} = \frac{0,3 \cdot 490 N / mm^2}{1,66} = 88,55 N / mm^2$$

$$S_D = \frac{1 = 1,5}{\sqrt{\left(\dfrac{4,87}{147,59}\right)^2 + \left(\dfrac{5,23}{88,55}\right)^2}} = 14,93 \geq S_{Derf} = 1,2$$

3.3 Festlager und Loslager

$$L_{10h} = \frac{10^6}{60 \cdot n} \cdot \left(\frac{C}{P}\right)^p$$

mit

$$P = X \cdot F_r + Y \cdot F_{ax} \quad P_1 = 2012,80 N \quad P_2 = 2184,56 N$$

$$n_1 = 1000 \quad n_2 = 315 \quad p = 3 \quad C_1 = 29000 N \quad C_2 = 29000 N$$

$$L_{10h1} = \frac{10^6}{60 \cdot 1000} \left(\frac{29000 N}{2012,80 N}\right)^3 = 16,67 \cdot 560947,73 = 49.857,18 h$$

$$L_{10h2} = \frac{10^6}{60 \cdot 315} \cdot \left(\frac{29000 N}{2184,56 N}\right)^3 = 52,91 \cdot 2339,39 = 123.777,12 h$$

Die Lebensdauer der Lager überschreitet die geforderte Lebensdauer von 10.000 Std., sollten jedoch aus Sicherheitsgründen nach 10.000-15.000 Std. gewechselt werden.

4 Zeichnungen

Explosionszeichnung Zahnradstufe

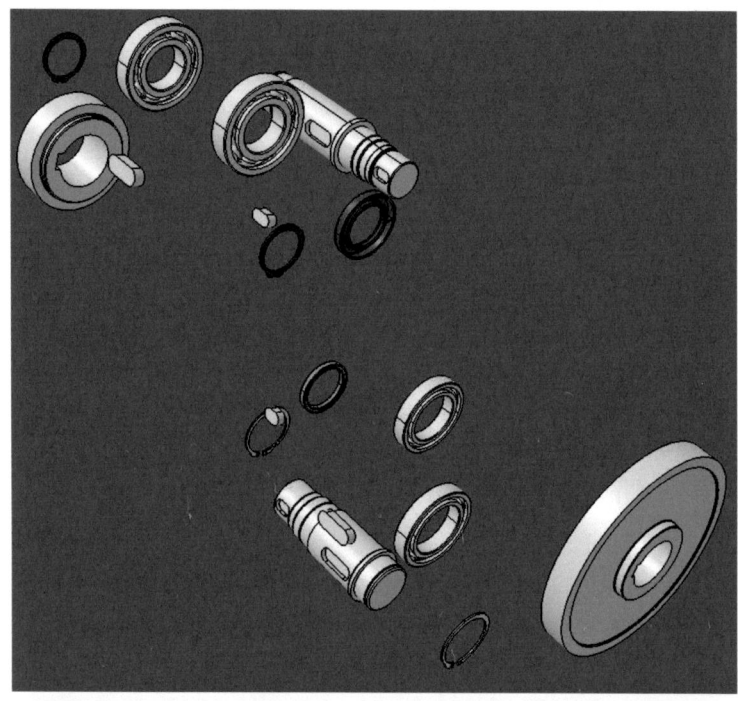

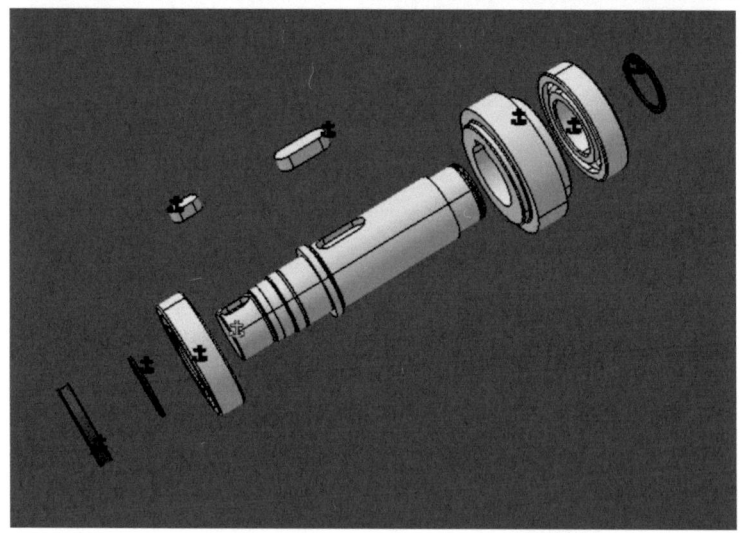

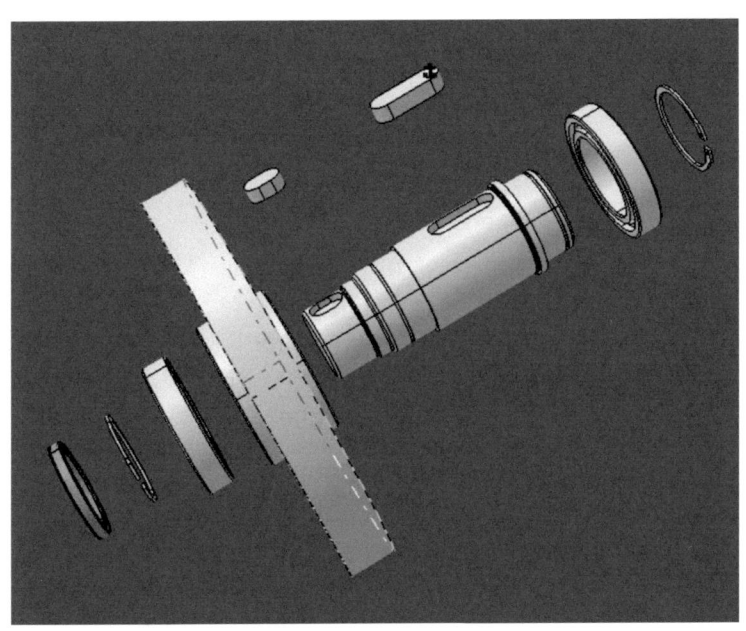

Isometrische Ansicht Antriebswelle

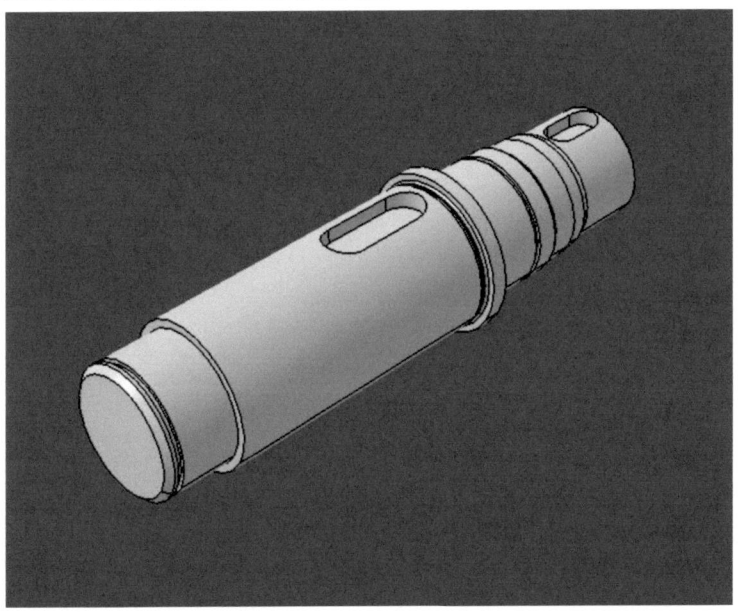

Isometrische Ansicht Abtriebswelle

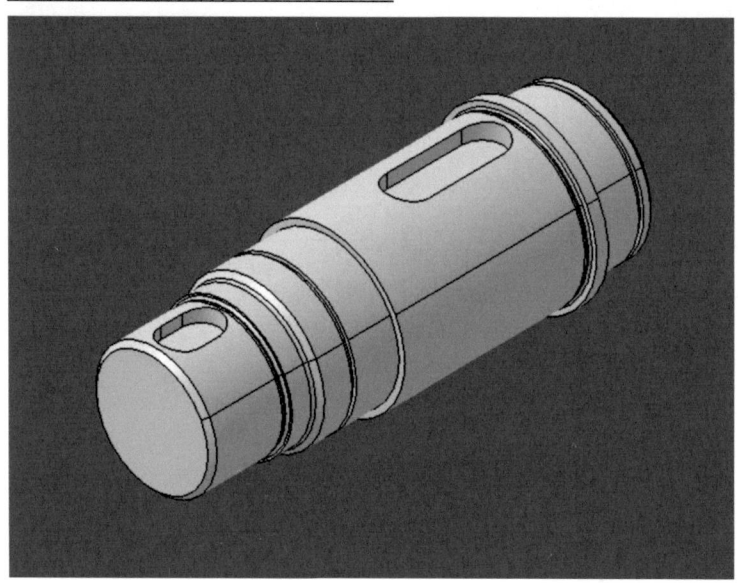

5 Konstruktionsbeschreibung

Gegeben war die Aufgabenstellung eine Zahnradstufe zu berechnen und im Anschluss zu konstruieren. Hierzu wurden Daten und Konstruktionsanweisungen zur Verfügung gestellt. Ergänzt wurden diese Informationen durch die Werke von Roloff/Matek (Maschinenelemente), Hoischen/Hesser (Technisches Zeichnen) und das Tabellenbuch Metall.

Begonnen wurde die Berechnung mit der überschlägigen Ermittlung der Wellendurchmesser und des Moduls der Zahnräder. Darauf aufbauend wurden die Werte für den Fußkreisdurchmesser und die Zähnezahl ermittelt. Im Anschluss wurde der optimale Achsabstand ermittelt und die Auswahl der Kugellager getroffen. Die Berechnung der Lebensdauer erfolgte im Anschluss. Die Berechnung der Zahnräder erfolgte über die Werte des Zahnkopf-, Zahnfuß- und Wälzkreisdurchmessers, der Zahnbreite, Zahnradnabenbreite und Aufteilung der Profilverschiebung. Parallel wurden per CAD-Software die Wellen und Zahnräder konstruiert.

Nach der Konstruktion wurden die Durchbiegung und die Lagerneigung berechnet, die Dauerfestigkeit der Antriebswelle ermittelt und die maximalen Betriebstunden der Lager ermittelt. Die 3D-Zeichnungen wurden in Werkstattzeichnungen abgewandelt und eine Stückliste erstellt.

Literaturverzeichnis

Hoischen/Hesser - Technisches Zeichnen, 31. Auflage, Berlin, 2007

Roloff/Matek – Maschinenelemente, 15. Auflage